Berichte aus den Sitzungen der
**JOACHIM JUNGIUS-GESELLSCHAFT DER
WISSENSCHAFTEN E. V., HAMBURG**

Jahrgang 2 · 1984 · Heft 8

HANS HINZPETER

Konvektive Bewölkung über See
Rollen und offene Zellen

vorgelegt
in der Sitzung vom 27. IV. 1984

Hamburg 1985
JOACHIM JUNGIUS-GESELLSCHAFT DER WISSENSCHAFTEN
In Kommission beim Verlag Vandenhoeck & Ruprecht · Göttingen

CIP-Kurztitelaufnahme der Deutschen Bibliothek

Hinzpeter, Hans:
Konvektive Bewölkung über See : Rollen u. offene Zellen / Hans Hinzpeter.
Joachim-Jungius-Ges. d. Wiss. – Göttingen : Vandenhoeck und Ruprecht, 1986.
  (Berichte aus den Sitzungen der Joachim-Jungius-Gesellschaft der Wissenschaften e.V. Hamburg ; Jg. 2, H. 8)
  ISBN 3-525-86217-9

NE: Joachim-Jungius-Gesellschaft der Wissenschaften: Berichte aus den ...

© Joachim Jungius-Gesellschaft der Wissenschaften, Hamburg 1985
Alle Rechte vorbehalten
Gesamtherstellung: Hubert & Co., Göttingen

Konvektive Bewölkung über See
Rollen und offene Zellen

Einführung

Mit Konvektion sollen geordnete Sekundärströmungen bezeichnet werden, die sich in einer großräumigen Grundströmung ausbilden und in der Atmosphäre in der Vertikalen über einige 100 bis 1000 Meter, in der Horizontalen über einige 1000 bis 10000 Meter erstrecken können. Erreicht die Luft bei der Aufwärtsbewegung den Taupunkt, tritt Wolkenbildung auf, die bei geordneter Sekundärströmung jene Ordnung in typischen Mustern abbildet. Seit langem werden von der Erdoberfläche aus regelmäßige Anordnungen von Wolken in parallelen Bändern, den sogenannten Wolkenstraßen beobachtet, aber erst die mit Hilfe von Satelliten gewonnenen Bilder der Erde zeigen besonders in den mittleren und höheren Breiten das häufige und weitverbreitete Auftreten von verschiedenen Wolkenmustern.

In den Abb. 1 und 2, die von polarumlaufenden Satelliten der amerikanischen NOAA-Serie aufgenommen wurden, sind diese deutlich ausgeprägt. Im ersten Bild finden wir in einer aus der Grönlandsee nach Süden gerichteten Luftströmung über dem offenen Wasser eine ziemlich geschlossene Bewölkung, die aus eng beieinanderliegenden Wolkenbändern besteht (die Wirbel treten im Lee der Insel „Jan Mayen" auf). Diese Bänder werden mit fortschreitendem Abstand von der Eisgrenze etwas breiter und gehen dann in mehr zellulare Strukturen, sogenannte offene Zellen über, die in der an einem anderen Tag aufgenommenen Abb. 2 deutlich zu erkennen sind. Daneben finden wir auf diesem Bild aber auch schmale, deutlich voneinander getrennte Wolkenbänder über dem französischen Festland.

Die Ursache der Wolkenbänder, die ihren Ursprung an der Eiskante haben, ist leicht zu vermuten. Beim Verlassen der Eisfläche strömt die Luft über eine Wasseroberfläche mit einer 5 bis 10 Grad höheren Temperatur. Die vertikale Dichtestruktur ist dann

Abb. 1: Satellitenbild vom 27. März 1985, 13ʰ25, sichtbarer Spektralbereich (DFVLR, Oberpfaffenhofen).

instabil und kleine Störungen führen zu konvektiven Umlagerungen, d. h. ein Teil potentieller Energie wird in die kinetische Energie der Sekundärströmung überführt. Mit zunehmender Energiezufuhr vergrößert sich die vertikale Mächtigkeit der Schicht, in der die konvektiven Prozesse ablaufen, die vertikale und horizontale Ausdehnung der Sekundärströmung wird größer: die Bänder werden mit zunehmendem Abstand von der Eiskante breiter. Auch die offenen Zellen sind wahrscheinlich auf Instabilitäten der Dichteverteilung zurückzuführen.

Die Wolkenbänder der Abb. 2 sind über dem Festland wesentlich schmaler. Sie müssen nicht durch instabile Dichteverteilung

Abb. 2: Satellitenbild vom 11. August 1981, 13^h, sichtbarer Spektralbereich (Hoeber, 1982).

verursacht sein, auch bestimmte Impulsprofile (Windprofile) können bei kleinen Störungen instabil werden, was auch zur Ausbildung von Rollen führt, wobei dann kinetische Energie der Grundströmung in solche der Sekundärströmung überführt wird.

Das Verhältnis von Breite zu Höhe der Rollen[1] liegt in beiden Fällen etwa zwischen den Werten 2 und 4 (Abb. 3), und die Rollenachsen haben etwa die Richtung des mittleren – vertikal gemittelten – Windes der Schicht, in der die Sekundärzirkulation abläuft.

---

[1] Mit Rolle wird ein Paar gegenläufig rotierender Rollen (Wellenlänge in Abb. 3) bezeichnet.

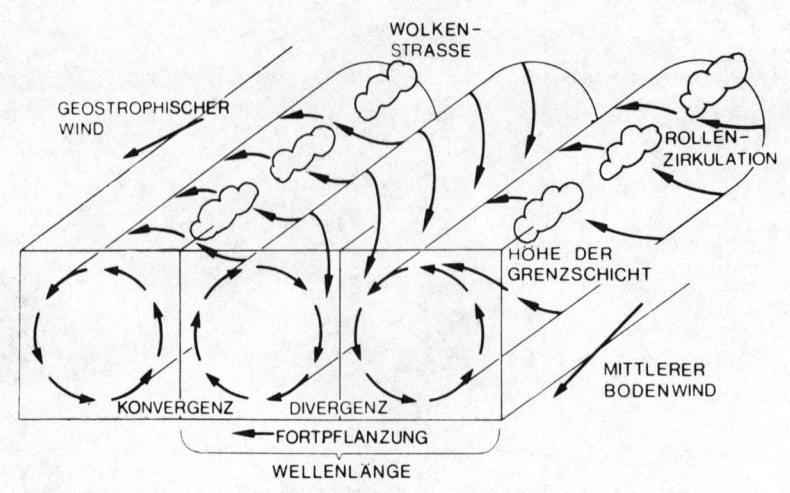

Abb. 3: Schema der Rollenzirkulation und der durch sie bewirkten Wolkenbildung (Hasse, 1984).

Grundlagen der Modellierung der beobachteten Strukturen

Wir glauben, solche Beobachtungen dann zu verstehen, wenn wir sie durch ein mathematisch-physikalisches Modell beschreiben können. Eine vollständige Beschreibung würde die Lösung eines Gleichungssatzes erfordern, der den Impulssatz (Navier-Stokes'sche Gleichungen in einem rotierenden Koordinatensystem), die Kontinuitätsgleichung, die Energiegleichung (erster Hauptsatz der Thermodynamik), die Bilanzgleichung des Wassers, die diagnostische Zustandsgleichung der Thermodynamik und die Strahlungstransportgleichung umfaßt. Dieses System läßt keine analytischen Lösungen zu. Da viele der beobachteten Rollen eine laterale Dimension von etwa 1 bis 3 km haben, erfordert die numerische Behandlung in einem Gitterpunktmodell eine Auflösung von einigen 100 Metern und damit die Berücksichtigung der prognostischen Gleichung für die Vertikalbewegung (dritte Komponente der Navier-Stokes'schen Gleichungen); erst bei Gitterpunktabständen von 5 bis 10 km kann diese durch ihre vereinfachte Form, die statische Grundgleichung, ersetzt werden. Die bei Berücksichtigung der vollständigen Navier-Stokes-Gleichungen auftretenden Anforderungen an die Rechenzeiten und den

Speicherplatz sind aber so groß, daß auch die modernen Rechner nicht genügen.

Die Variablen in den Gleichungen – thermodynamische Zustandsgrößen (Dichte (p), Temperatur (T), Wasserdampfkonzentration (m) und Windvektor mit den Komponenten u, v, w) – werden deshalb aufgespalten in einen den Grundzustand beschreibenden und einen additiven, die Sekundärströmung beschreibenden Anteil. Mit der Annahme, daß die Gleichungen auch allein für den Grundzustand gelten, wird nach Subtraktion dieser letzten Gleichungen von den vollständigen Gleichungen mit den in Grundzustand und Sekundärströmung aufgespaltenen Variablen das Gleichungssystem für den Sekundärzustand gewonnen. Diese Gleichungen lassen sich universeller, in dimensionsloser Formulierung, darstellen, wenn man die physikalischen Größen kennt oder zu kennen glaubt, die das Auftreten und die Form der Sekundärströmung bestimmen, dies sind z. B. die Mächtigkeit der Schicht, die die Sekundärströmung ausfüllt, eine charakteristische Geschwindigkeit, z. B. die mittlere Geschwindigkeit der Grundströmung, und eine charakteristische Temperatur oder ihre vertikale Änderung. Mit diesen oder ähnlichen Größen lassen sich dann auch dimensionslose Zeiten und Drücke definieren.

Im System der dimensionslosen Gleichungen treten die bekannten Ähnlichkeitszahlen

$$Ra = \frac{g}{\bar{\vartheta}_o} \frac{\partial \bar{\vartheta}}{\partial z} \frac{H^4}{k_I k_\vartheta}; \quad Re = \frac{\bar{V} H}{k_I}; \quad Pr = \frac{k_I}{k_\vartheta}$$

sowie eine aus diesen zu bildende, die Stabilität der Strömung charakterisierende Richardsonzahl (reziproke Froudezahl) auf

$$Ri = \frac{Ra}{Pr (Re)^2}$$

Dabei bedeuten z. B. $\bar{V}$ den Betrag der Geschwindigkeit des Grundzustandes, H die Höhe der konvektiven Schicht, ϑ_o die potentielle Temperatur des Grundzustandes, z die Vertikalkoordinate, k_I und k_ϑ die Diffusionskoeffizienten für Impuls und Temperatur. g ist die Schwerebeschleunigung.

Diese Ähnlichkeitszahlen werden auch wie folgt interpretiert: Die Reynoldszahl ist das Verhältnis von Trägheitskraft zu Reibungskraft, die Rayleighzahl das Verhältnis von verfügbarer potentieller Energie zur Energiedissipation der Sekundärströmung, die Prandtlzahl das Verhältnis von Impulsdiffusion zu Wärmediffusion, die Richardsonzahl das Verhältnis der Energieproduktionen durch Auftrieb und durch Scherung.

Wenn die Sekundärströmung eine lineare Ausdehnung von etwa 1 km hat, müssen alle Transportprozesse kleinerer Größe als turbulente Prozesse zusammengefaßt werden. Die Diffusionskoeffizienten (k_ϑ und k_I) sind daher Koeffizienten für die turbulenten Wärme- und Impulstransporte, deren Zahlenwerte oft nur sehr unsicher festzulegen sind.

Da das Gleichungssystem für die Sekundärströmung für die meisten Zwecke noch zu umfangreich ist, wird meist mit einem Einstoff-Einphasensystem gearbeitet, d. h. die Bilanzgleichung des Wassers und damit – dann weitgehend zurecht – die Strahlungstransportgleichung werden vernachlässigt; die wasserfreie Luft also als ein Stoff betrachtet. Auch dann liegt noch ein nichtlineares partielles Differentialgleichungssystem achter Ordnung vor (die Bedingungen für die Temperatur und die Impulskomponenten für die obere und untere Grenze der Schicht, in der die Sekundärströmung abläuft, liefern die erforderlichen acht Randbedingungen), das für eine Beschreibung von Phänomenen, die eine Berücksichtigung der dritten Komponente der Navier-Stokes'schen Gleichungen erfordern, zu umfangreich ist. Aus den Beobachtungen schließt man, daß die Rollenzirkulation wesentlich durch eine zweidimensionale, in einer senkrecht zur Rollenachse liegenden Ebene ablaufende Strömung beschrieben werden kann. Dann sind nur noch die Gleichungen für die laterale und vertikale Geschwindigkeitskomponente der Sekundärströmung zu behandeln. Durch Differentiation der Lateralkomponente nach der Vertikalkoordinate, Differentiation der Verikalkomponente nach der Horizontalkoordinate und Addition beider Gleichungen wird der Druck eliminiert, und für die zweidimensionale Strömung kann dann eine Stromfunktion $\mathcal{U}$ mit

$$v = \frac{\partial \mathcal{U}}{\partial z} \quad \text{und} \quad w = \frac{\partial \mathcal{U}}{\partial y}$$

eingeführt werden, was die weitere Behandlung vereinfacht.

Es bietet sich zunächst an, das System zu linearisieren, d. h. die Produkte von Termen der Sekundärströmung zu vernachlässigen und eine Rückwirkung der Sekundärströmung auf den Grundzustand auszuschließen. Damit wird auf die Bestimmung der Beträge der Transporte von Impuls und Wärme verzichtet, deren Divergenz die Grundströmung modifiziert, und die von vorrangigem Interesse für die Energetik und die Dynamik des Strömungsfeldes sind. Diese Aussagen werden von den nichtlinearen Gleichungssätzen geliefert, deren Behandlung wegen des zu großen Aufwandes andere Einschränkungen erfordert.

Wählt man für die linearisierten, dimensionslosen Gleichungen der Sekundärströmung Fourieransätze für die Störgrößen, dann erhält man Gleichungen mit dimensionslosen Wellenzahlen und Frequenzen; diese werden dann solange variiert, bis das Wertepaar Wellenzahl-Frequenz mit der größten Wachstumsrate für die Stromfunktion gefunden ist. Diese lineare Instabilitätsanalyse liefert nur die Wellenzahl und die Rollenrichtung der größten Wachstumsgeschwindigkeit, die aber nicht mit der Wellenzahl und der Richtung der beobachteten Rollen endlicher Amplitude übereinstimmen muß.

Die Untersuchungen der Stabilität eines vertikalen Dichte- und Temperaturprofils und einer Strömung mit einem bestimmten Geschwindigkeitsprofil gehen auf Rayleigh zurück, der die lineare Stabilitätsanalyse eingeführt hat. Bei fehlender Dichteinstabilität findet man, daß ein Geschwindigkeitsprofil mit einem Wendepunkt (die Abb. 4 zeigt für die Lateralkomponente der Windgeschwindigkeit (v) einen ausgeprägten Wendepunkt) nicht stabil ist. Diese lineare Stabilitätsanalyse ist auf verschiedene Strömungs- und Dichteprofile angewandt worden (Übersicht bei Brown, 1980). Wie schon gesagt, wird meist angenommen, daß es sich bei den Rollen (siehe Abb. 1, 2 und 4) um ein zweidimensionales Phänomen handelt, das durch eine Sekundärströmung in einer senkrecht zur Rollenachse liegenden Ebene beschrieben werden kann, wobei stillschweigend vorausgesetzt wird, daß bei fehlendem Wärmetransport die Rollen nur durch die Scherung der in die senkrecht zur Rollenachse liegende Ebene fallende Windkomponente bestimmt werden. Auch diese Annahme wird durch die begrenzte derzeitige Rechnerkapazität notwendig. Die Ergebnisse rechtfertigen sie. Bei einer Strömung, bei der keine Wär-

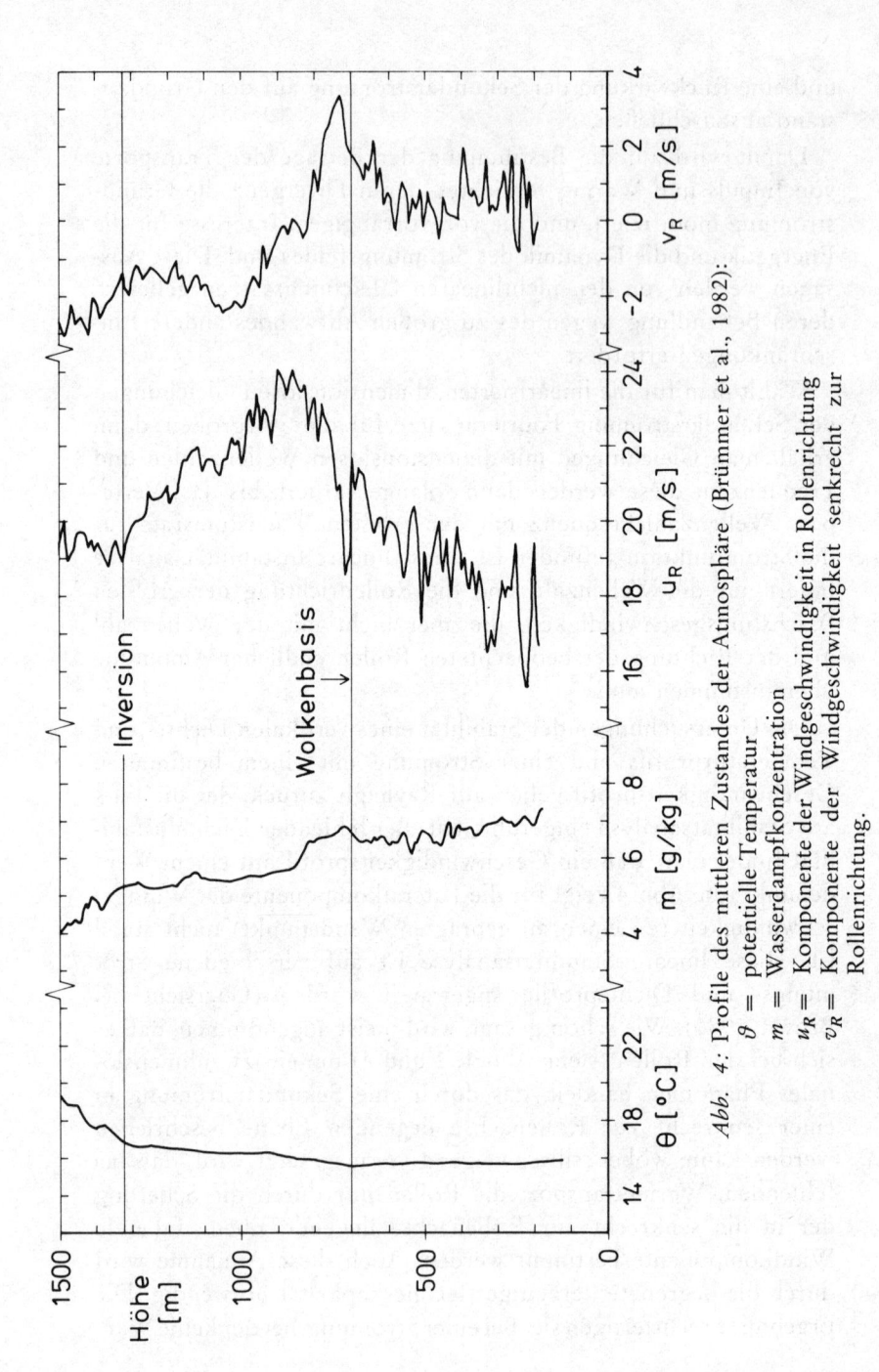

Abb. 4: Profile des mittleren Zustandes der Atmosphäre (Brümmer et al., 1982):
ϑ = potentielle Temperatur
m = Wasserdampfkonzentration
u_R = Komponente der Windgeschwindigkeit in Rollenrichtung
v_R = Komponente der Windgeschwindigkeit senkrecht zur Rollenrichtung.

metransporte stattfinden, weicht die Rollenlängsachse um etwa 14° (auf der Nordhalbkugel nach links in Strömungsrichtung gesehen) von der Isobarenrichtung ab und die Breite der Rollen ist etwa dreimal so groß wie ihre Höhe. Findet auch ein Wärmetransport statt, dann liegt die Rollenrichtung weiterhin etwa in Strömungsrichtung, die geringe Abweichung davon wird neben der Höhe des Wendepunktes in der Konvektionsschicht durch den Wärmetransport (Rayleigh-Zahl) bestimmt. Bei Strömungen ohne Wendepunkt, aber mit instabilem Dichteprofil, treten Rollen bei Geschwindigkeiten größer als etwa 5 m/sec auf.

Die Analyse der Rollenstabilität zeigt, daß auch eine laterale Instabilität auftreten kann, die bei Wolkenbildung dazu führt, daß – auf den Abbildungen nicht erkennbar – die Wolkenbänder aufgebrochen sind in eine Reihe von Einzelwolken, die entlang der Rollenrichtung wie Perlen auf einer Schnur gereiht sind. Die beobachtete Geometrie der Rollenzirkulation wird durch die lineare Stabilitätsanalyse gut erklärt.

Andere Untersuchungen (Krishnamurti, 1970; Küttner, 1971) weisen darauf hin, daß mit zunehmender Rayleigh-Zahl zunächst Rollenstrukturen und dann bei einem größeren kritischen Wert dieser Zahl zelluläre Strukturen auftreten. Da die Rayleigh-Zahl bei konstanter Temperaturdifferenz zwischen den Grenzflächen der konvektiven Schicht mit der dritten Potenz der Mächtigkeit der Schicht zunimmt, ist es mit den Beobachtungen verträglich, daß zunächst Rollen, dann mit zunehmendem Abstand von der Eiskante, d.h. mit zunehmender Mächtigkeit der Schicht, Zellen auftreten.

Da die skizzierten Analysen für ein einphasiges Medium durchgeführt wurden, muß man zunächst annehmen, daß die jene Strömungen in der Atmosphäre markierenden Wolken, d.h. auch die mit ihnen freiwerdende Kondensationswärme, für die Ausbildung der Sekundärströmung vernachlässigt werden kann.

Rollen

Experimentelle Befunde

Über die mit den Sekundärströmungen verbundenen Transporte liegen nur sehr wenige Untersuchungen vor. Vor wenigen Jahren wurde deshalb ein Experiment über der Nordsee durchgeführt, bei dem sowohl Rollen als auch offene Zellen beobachtet und die bei diesen Phänomenen vorliegende Verteilung der atmosphärischen Feldgrößen vermessen wurden (Hinzpeter, 1985; Hoeber, 1982). Die Messungen erfolgten mit Hilfe von zwei Flugzeugen, die – etwa senkrecht übereinander – parallel und senkrecht zum mittleren Wind der Konvektionsschicht in insgesamt acht Höhen flogen und mit einer horizontalen Auflösung von 10 m die Komponenten des Windvektors, die Temperatur und die Konzentration des Wasserdampfes bestimmten.

Das beim Auftreten von Rollen gefundene mittlere Feld zeigt die Abb. 4. Das Profil der potentiellen Temperatur erlaubt es, die Mächtigkeit der Schicht, in die die Sekundärströmung eingebettet ist, abzuschätzen. Die potentielle Temperatur ändert sich bis zur Wolkenuntergrenze nicht (dieser Teil der Atmosphäre ist völlig durchmischt), nimmt dann im Bereich der Wolken nur wenig, in einer Höhe von 1300 m stärker mit der Höhe zu. Diese Inversion begrenzt die Schicht, in der die Konvektion abläuft, nach oben. Die Konzentration des Wasserdampfes nimmt in der durchmischten Schicht nicht, darüber wenig und oberhalb der Inversion stärker ab. Die Geschwindigkeitskomponente in Rollenrichtung nimmt nahezu linear bis etwa 850 m Höhe zu und darüber wieder nahezu linear ab, die Lateralkomponente zeigt in dieser Höhe einen sehr gut ausgeprägten Wendepunkt. Mit plausiblen Annahmen für den Diffusionskoeffizienten kann so eine Reynolds-Zahl bestimmt werden. Die Abb. 5 zeigt als Beispiel die Variation der gleichen Größen auf einem Horizontalflug, dessen Kurs senkrecht zu der Rollenrichtung lag. Zur Interpretation der Messungen wurden die spektralen Varianzdichten dieser Größen auf der durchflogenen Strecke bestimmt, die für vier Höhen in Abb. 6 dargestellt sind. Besonders deutlich ist die Varianz für die Wasserdampfkonzentration zu erkennen. Die Windkomponenten zeigen, daß nur in 100 m Höhe bei großen Wellenzahlen wesentliche

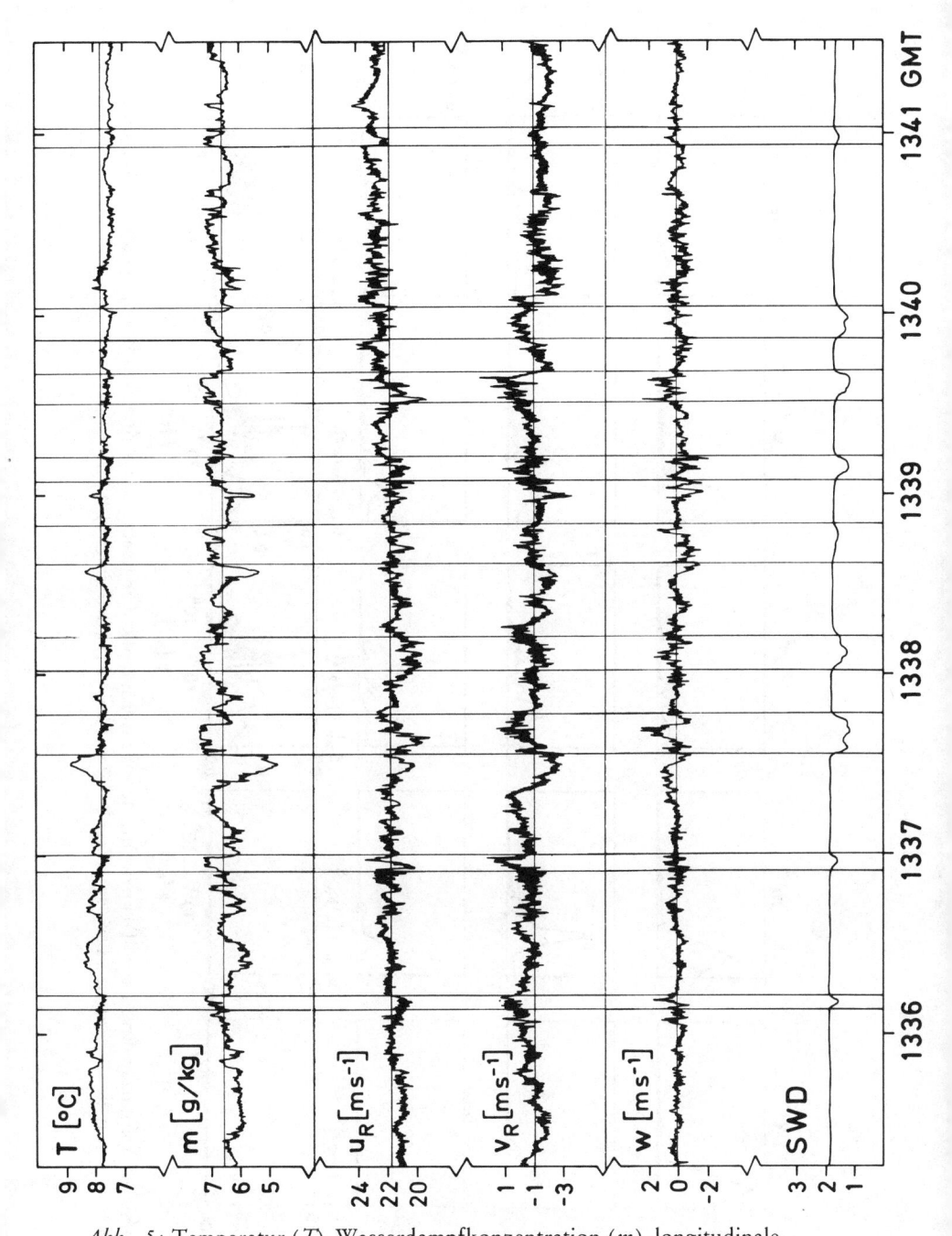

Abb. 5: Temperatur (T), Wasserdampfkonzentration (m), longitudinale (u_R), laterale (v_R), vertikale (w) Windkomponente und kurzwellige Strahlungsflußdichte aus dem oberen Halbraum (SWD) längs eines Horizontalfluges. Die Abzisse gibt die Zeit (13.36 = 13^h36^m) (Brümmer, 1982).

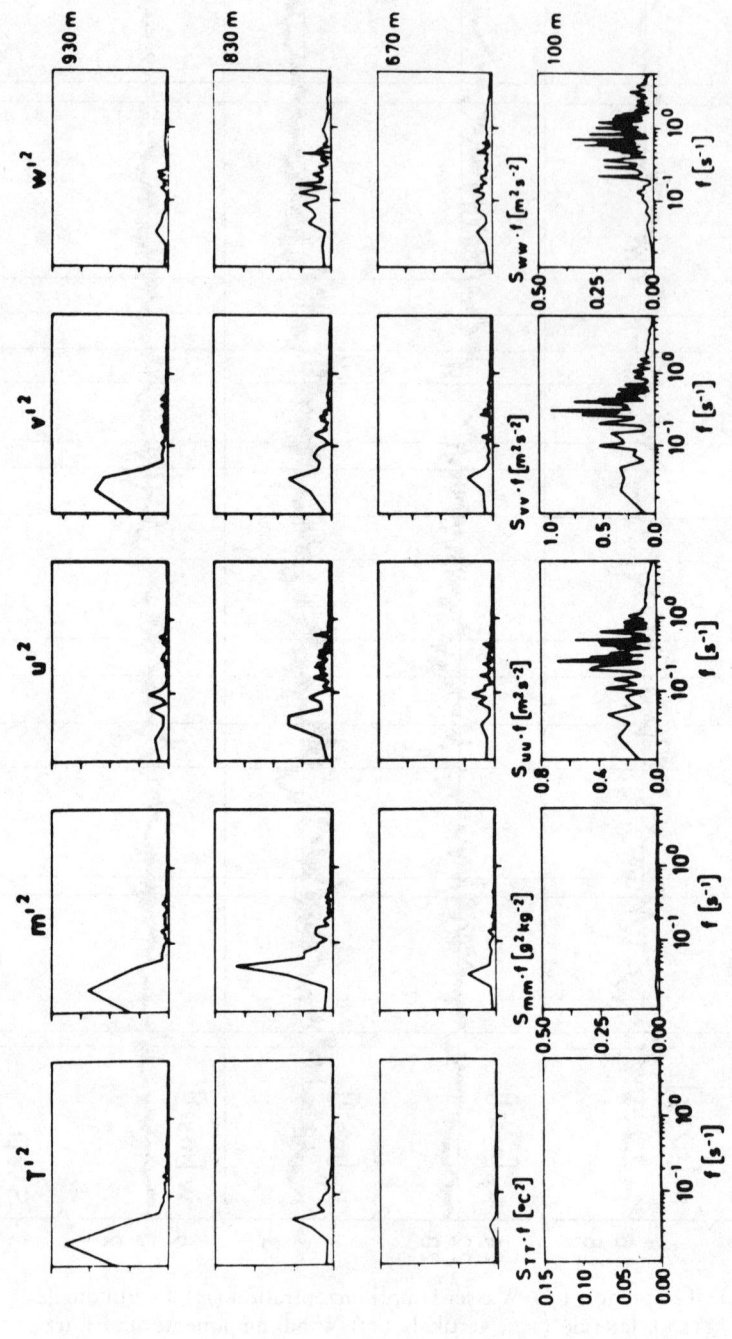

Abb. 6: Varianzspektren der Temperatur, der Wasserdampfkonzentration und der Windkomponente in Abhängigkeit von der Frequenz (1 sec entspricht 100 m Flugweg) (Brümmer, 1982).

Varianzen auftreten, die der Turbulenz zugeordnet werden müssen, während in größeren Höhen sich die Varianz auf kleinere Wellenzahlen konzentriert und durch Konvektion bestimmt ist. Berechnet man für diesen konvektiven Frequenzbereich die Kovarianzen von longitudinaler und vertikaler Geschwindigkeit, von lateraler und vertikaler Geschwindigkeit, von Vertikalgeschwindigkeit und Wasserdampfkonzentration und von Vertikalgeschwindigkeit und potentieller Temperatur dann findet man die für die Rollen typische Abhängigkeit der Vertikaltransporte von der Höhe mit einem Maximum etwa in der Mitte der Schicht (Abb. 7). Eine Ausnahme bildet der Temperaturtransport. Im Bereich nahezu konstanter potentieller Temperatur ist er verschwindend klein; in der Nähe der Inversion ist er abwärtsgerichtet. Die Sekundärströmung vergrößert die Mächtigkeit der Konvektionsschicht, erhöht also die potentielle Energie, d. h. ihre kinetische Energie wird nicht nur dissipiert, sondern zum Teil auch in potentielle Energie überführt.

Modellierung der Rollen

Als Extremfälle sind Rollen als Folge von Wendepunktinstabilität, d. h. bei fehlender Dichteinstabilität, und solche als Folge von Dichteinstabilität bei fehlender Wendepunktinstabilität anzusehen. In der Natur werden meist beide Instabilitäten gleichzeitig vorliegen. Da bei dem Nordsee-Experiment die Dichteinstabilität gering war, wurde zunächst nur Wendepunktinstabilität vorausgesetzt.

Um die durch die rollenähnliche Sekundärzirkulation bewirkten Transporte des Impulses und deren Divergenz zu bestimmen, muß auf den nichtlinearen Gleichungssatz zurückgegriffen werden. Da dieser für eine vollständige Behandlung zu umfangreich ist, übernimmt man das Ergebnis der linearen Störungsrechnung für die Richtung der Rollen (es stimmt annähernd mit den Beobachtungen überein). Die Sekundärströmung wird wiederum zweidimensional behandelt, jedoch mit Berücksichtigung der nichtlinearen Terme. Wiederum führt die Einführung der Stromfunktion zur Eliminierung des Druckes und zu einer nichtlinearen prognostischen Gleichung für die Stromfunktion, in der als ein-

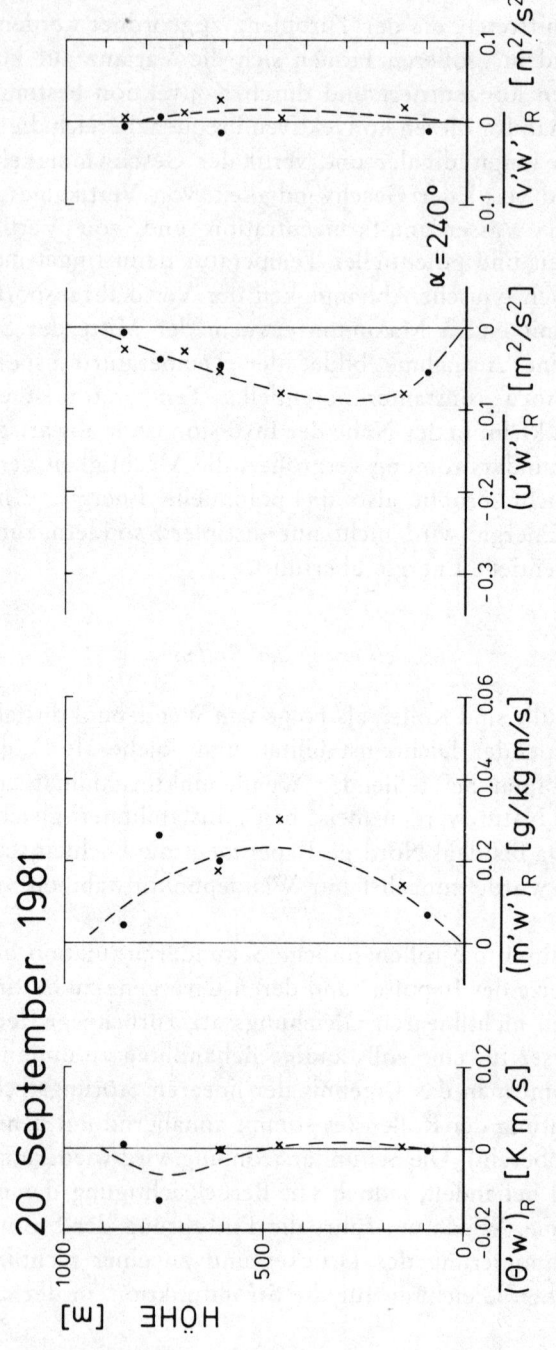

Abb. 7: Vertikalverteilung der Transporte von Temperatur $(\overline{\vartheta' w'})_R$ der Wasserdampfkonzentration $(\overline{w'm'})_R$ des longitudinalen Impulses $(\overline{w'u'})_R$ und des lateralen Impulses $(\overline{w'u'})_R$ (Brümmer, 1985).

zige Ähnlichkeitszahl die Reynoldszahl auftritt. Setzt man für die Stromfunktion Fourier-Reihen an, dann kann in Abhängigkeit von der Zahl der Fourierterme, die Struktur des Sekundärfeldes detailliert beschrieben werden. Mit zunehmender Zahl der Fourierterme geht jedoch die Einsicht in die Wechselwirkung zwischen Sekundärströmung und Grundströmung mehr und mehr verloren, und man kann dann nur noch das Endergebnis mit den Beobachtungen vergleichen. Es ist deshalb reizvoll, mit nur wenigen Termen das mittlere Strömungsfeld und die Sekundärströmung zu beschreiben und die Wechselwirkung zwischen diesen zu untersuchen. In einem einfachen Modell (Chlond, 1985) werden das mittlere Windprofil und die Sekundärströmung durch nur jeweils zwei Fourierterme beschrieben. Die Reynoldszahl ist dann zweckmäßig so gewählt, daß neben der Mächtigkeit der Schicht und dem Koeffizienten des turbulenten Impulsflusses anstelle der mittleren Geschwindigkeit der Grundströmung eine Größe von der Dimension einer Geschwindigkeit gewählt wird, die aber von der Ausprägung des Wendepunktes, d.h. vom Gradienten der Lateralkomponente der Grundströmung, abhängt.

Untersucht man die Stabilität der Lösungen für den stationären Zustand gegen kleine Störungen in Abhängigkeit von der Reynoldszahl (also von der Schichtmächtigkeit, der Wendepunktausprägung und der turbulenten Diffusion), dann findet man eine Reihe von Bifurcationspunkten (Abb. 8), von denen der erste die Reynoldszahl angibt, bei der die Strömung instabil wird und stationäre Rollen ausbildet, der zweite die Reynoldszahl, bei der die Rollenzirkulation periodisch wird, d.h. nicht nur Energie aus der Grundströmung in die Rollenzirkulation fließt und dann über turbulente und molekulare Transporte dissipiert wird, sondern ein Teil derselben zwischen Rollen und Grundstrom periodisch ausgetauscht wird.

Die Reynoldszahlen, bei denen Bifurcation auftritt, werden hauptsächlich durch die Ausprägung des Wendepunktes bestimmt, je schärfer dieser ausgeprägt, d.h. je größer die Geschwindigkeitsänderung mit der Höhe ist, um so größer ist die Reynoldszahl, und damit um so wahrscheinlicher das Auftreten von Rollen. Die zeitliche Integration der prognostischen Gleichungen zeigt die Entwicklung der Rollen. Betrachtet man der

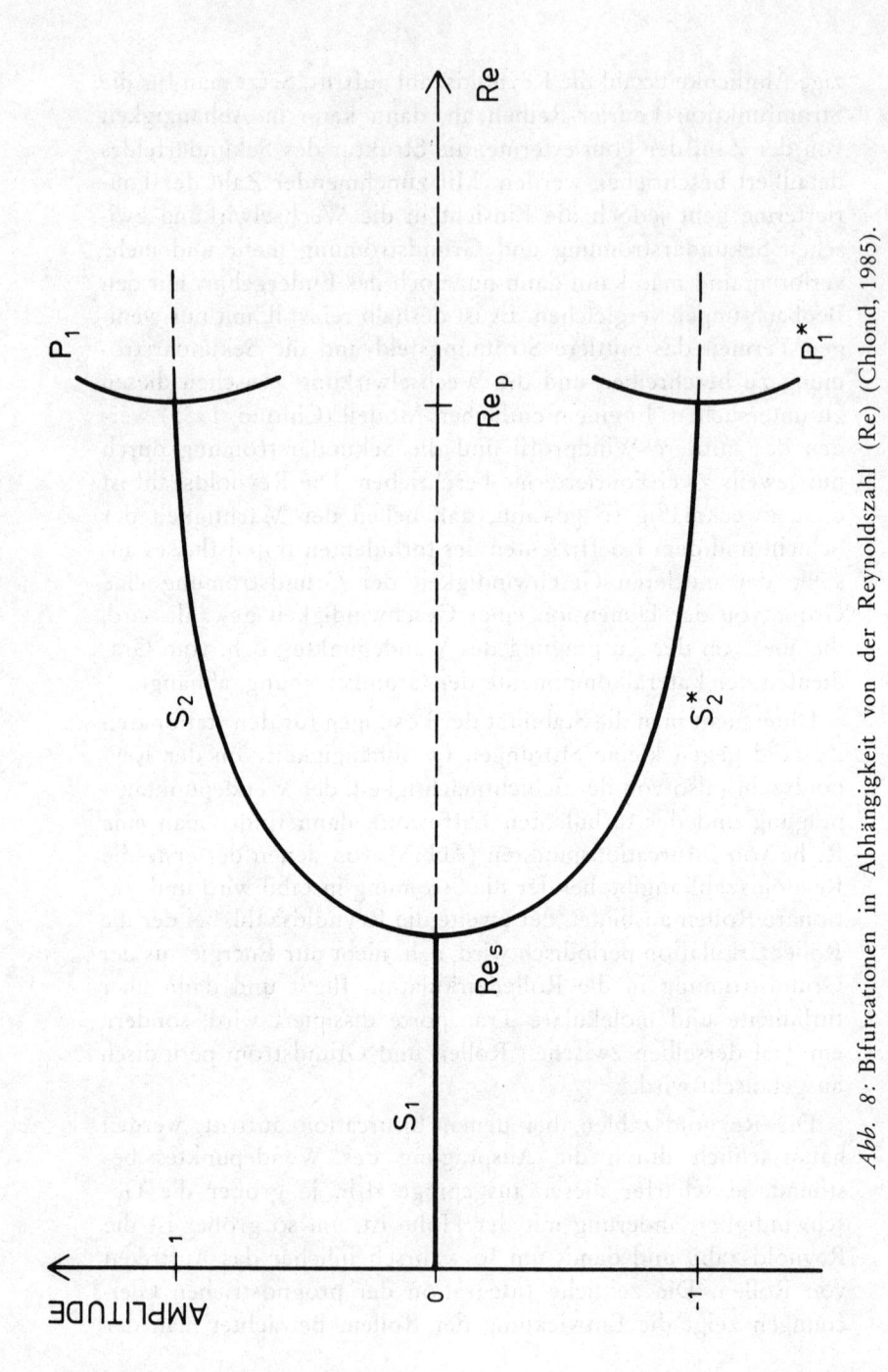

Abb. 8: Bifurcationen in Abhängigkeit von der Reynoldszahl (Re) (Chlond, 1985).

Anschaulichkeit wegen nur die zeitliche Änderung der Energie in der x_1-x_3 Ebene, wobei x_1 der Betrag einer Fourier-Komponente der Grundströmung, x_3 der einer der Sekundärströmung ist, dann findet man, daß bei Reynoldszahlen zwischen beiden Bifurcationspunkten – die Energie der Rollenzirkulation sich auf einen stationären Zustandswert „einschwingt", während für Werte der Reynoldszahlen, die größer sind als die des zweiten Bifurcationspunktes – nicht größer aber als der wahrscheinlich folgende und hier nicht gezeigte – kein stationärer Zustand erreicht wird, sondern der erwähnte periodische Austausch stattfindet (Abb. 9).

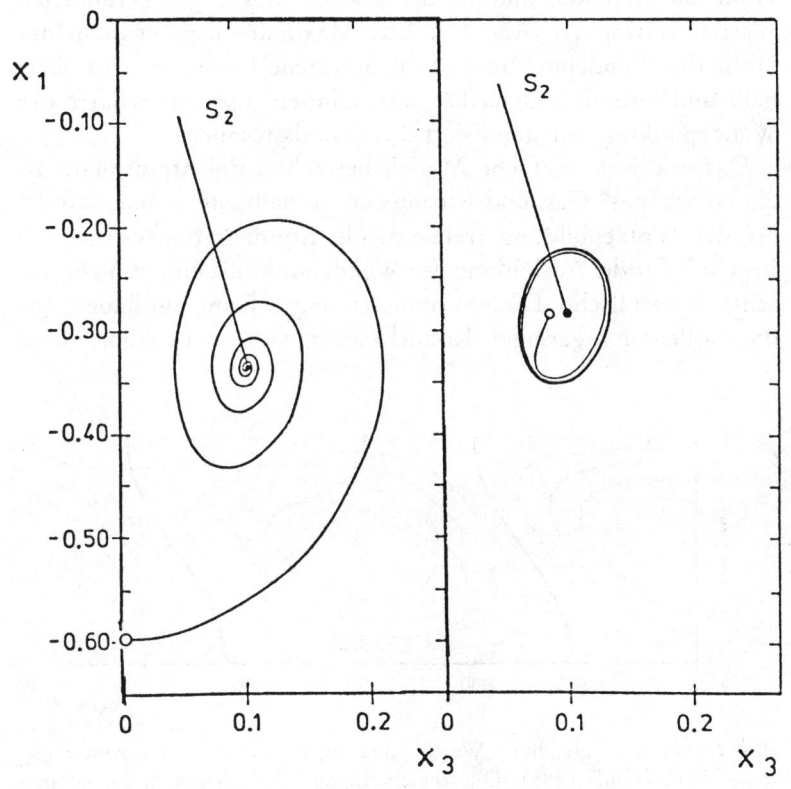

Abb. 9: Projektion der vierdimensionalen Trajektorie (in x_1-, x_2-, x_3-, x_4-Phasenraum) auf die x_1-x_2-Ebene. x_1, x_2 sind die Beträge der Fourier-Komponente des Grundzustandes x_3, x_4 jene des Rollenzustand des (Chlond, 1985).

Diese Periode liegt bei einigen Stunden. Da in der Atmosphäre auch der Grundzustand nicht über längere Zeit als stationär angesehen werden kann, und daher die beobachteten Rollen meist nur eine Lebensdauer von einigen Stunden haben, ist es schwer, die vom Modell gelieferte periodische Lösung zu bestätigen; die aus den Beobachtungen abzuleitende Reynoldszahl würde dies zulassen. Der aus dem Modell folgende Wert 3 für das Verhältnis von Breite zu Höhe der Rollen (Abb. 10) stimmt mit den Beobachtungen gut überein.

Das nichtlineare zweidimensionale Modell liefert nur den konvektiven Transport des Lateralimpulses. Seine Größe und seine Höhenabhängigkeit sind mit den bei den Messungen gefundenen Werten verträglich (Abb. 11). Das Maximum liegt etwa in der Höhe des Wendepunktes und die maximale Divergenz tritt oberhalb und unterhalb desselben auf, mindert also die Schärfe des Wendepunktes und stabilisiert die Grundströmung.

Das erwähnte einfache Modell betrachtet die Atmosphäre als ein „trockenes" Gas, und wir müssen deshalb annehmen, daß die bei der Wolkenbildung freiwerdende Kondensationswärme das Ergebnis für die Ausbildung der Wendepunktinstabilität nicht wesentlich verfälscht. Diese Voraussetzung scheint zumindest für die Rollen mit geringer Kondensation, wie sie in Abb. 2 über

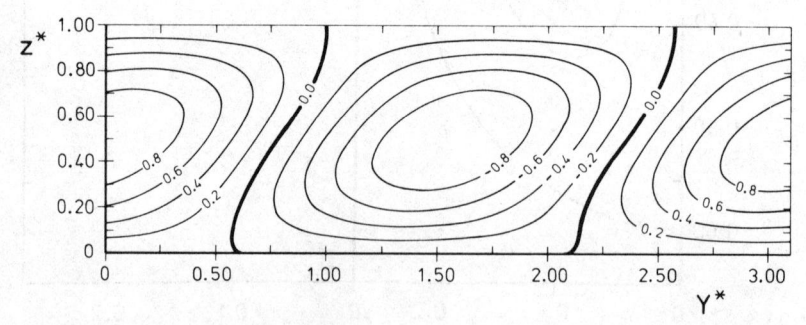

Abb. 10: Linien gleicher Werte der Stromfunktion (Stromlinien) (Chlond, 1985). Die verschiedenen Vorzeichen kennzeichnen die gegenläufig rotierenden Rollen.
z^* = mit der Höhe der Konvektionsschicht normierte Höhe
y^* = mit der Höhe der Konvektionsschicht normierte laterale Ausdehnung.

$\overline{(v'w')}_R$ [m²/s²]

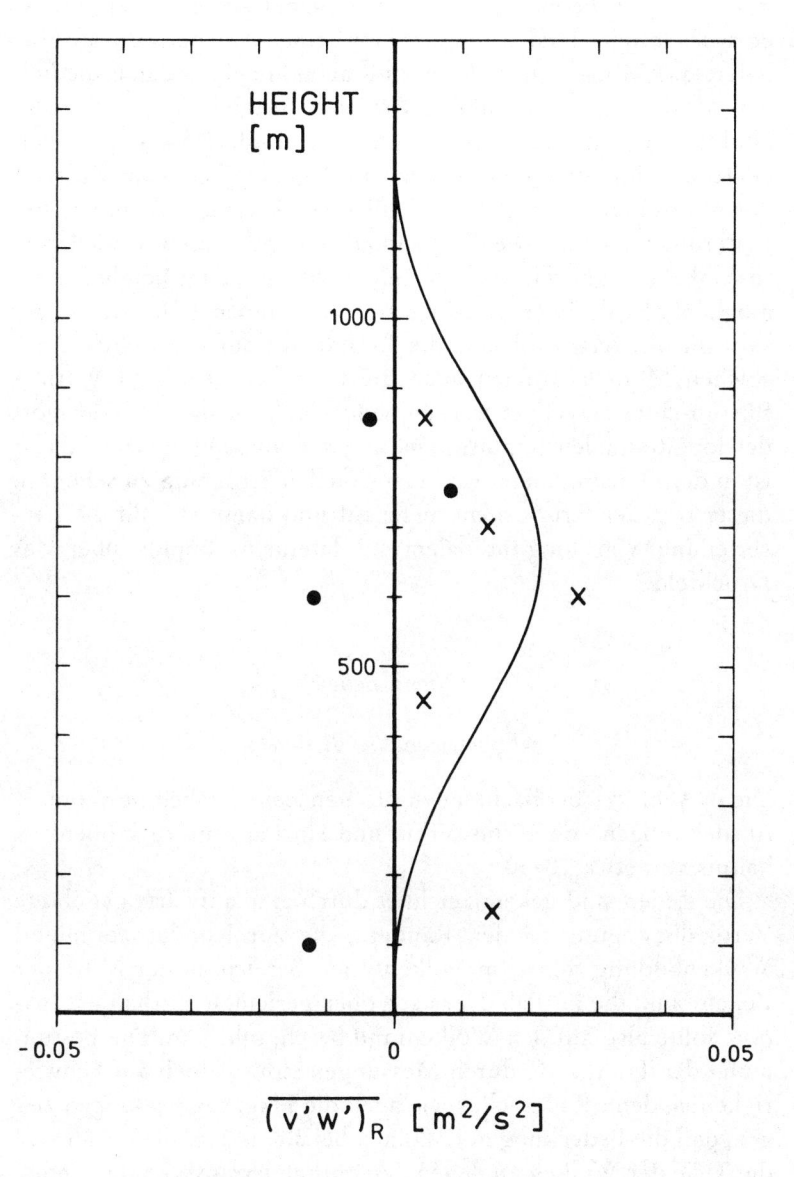

Abb. 11: Gemessener und mit dem einfachen Modell berechneter vertikaler Transport lateralen Impulses (Chlond, 1985).

Frankreich zu beobachten sind, akzeptabel zu sein. Den Transport des longitudinalen Impulses und einen Temperaturtransport liefert das Modell nicht. Man muß auch annehmen, daß die beiden idealisierten Extremfälle, Rayleigh-Instabilität und Wendepunktinstabilität nicht isoliert auftreten, sondern im allgemeinen beide Instabilitäten – wenn auch in Abhängigkeit vom Zustand der Atmosphäre – mit unterschiedlichem Gewicht wirken. Die Erweiterung zu einem zweidimensionalen nichtlinearen Modell, was sowohl Rayleigh- wie auch Wendepunktinstabilität beinhaltet, ist möglich; als Ähnlichkeitszahlen treten dann neben der Reynoldszahl die Rayleighzahl und die Prandtzahl auf. Mit Hilfe eines solchen Modells können auch die in Abb. 7 gezeigten Wärmeflüsse richtig berechnet werden, jedoch fällt damit der Transport des longitudinalen Impulses viel zu groß aus. Die Ursache dafür ist in der Dynamik der zweidimensionalen Strömung zu sehen. In dieser tritt der Druck nicht mehr auf und damit entfällt die Umverteilung von longitudinalem zu lateralem Impuls über das Druckfeld.

Offene Zellen

Experimentelle Befunde

Die in Abb. 2 zu beobachtenden offenen Zellen haben horizontale Ausdehnungen von 10 bis 50 km und ein Längen- zu Höhenverhältnis von etwa 10–30.

Die Zellen sind gekennzeichnet durch eine aufwärts gerichtete Vertikalbewegung an den Rändern, die zur Kondensation und Wolkenbildung führt. Im wolkenfreien Bereich, in der Mitte der Zellen, sinkt die Luft ab. Der nach oben gerichtete Enthalpietransport sollte also auf den Wolkenrand beschränkt sein. Die Bestimmung der Transporte durch Messungen stößt jedoch auf Schwierigkeiten, denn Radarechos wie auch die Flugzeugmessungen zeigen, daß die Bedeckung mit Wolken bei 30 bis 50% liegt, während die Teile der Wolken, in denen der Enthalpietransport stattfindet, nur etwa 3% bedecken. Deshalb wird das Flugzeug solche Bereiche nur zufällig durchfliegen. Die bisherigen Beobachtungsbefunde zeigen, daß man aber auch im Inneren der offenen Zellen

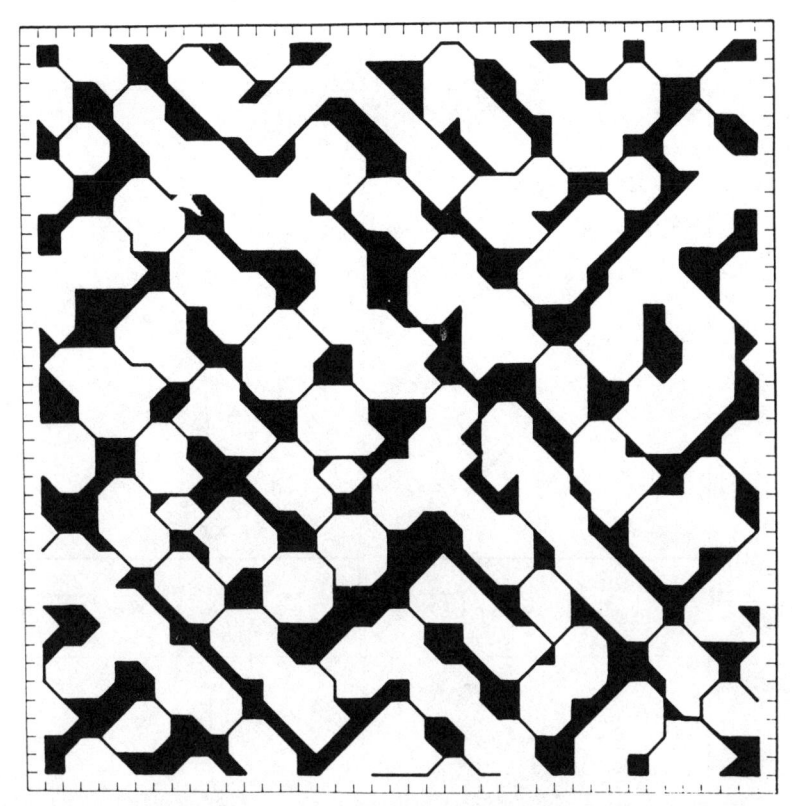

Abb. 12: Mit einem Gitterpunktmodell berechnetes Muster bewölkter Gebiete (Beniston, 1985).

einen nach oben gerichteten Enthalpiefluß findet. Eine genaue Inspektion der Abb. 2 zeigt auch, daß das Auge filtert und so offene Zellen erkennt, auch wenn im „offenen" Gebiet noch Bewölkung auftritt. Nach unseren Messungen (Abb. 12) ist der konvektive Wärmetransport im Bereich des Randes der Zellen stets größer als im Innern der Zellen; in beiden Gebieten nimmt er bis zur Wolkenbasis linear ab. Der Wasserdampftransport nimmt im Bereich des Randes nach oben zu, d.h., der mit der Strömung der unteren 500 m verbundene Wasserdampftransport konvergiert hier. Die vertikalen Impulstransporte sind nicht so eindeutig geordnet und angesichts der Streuung schwer zu interpretieren.

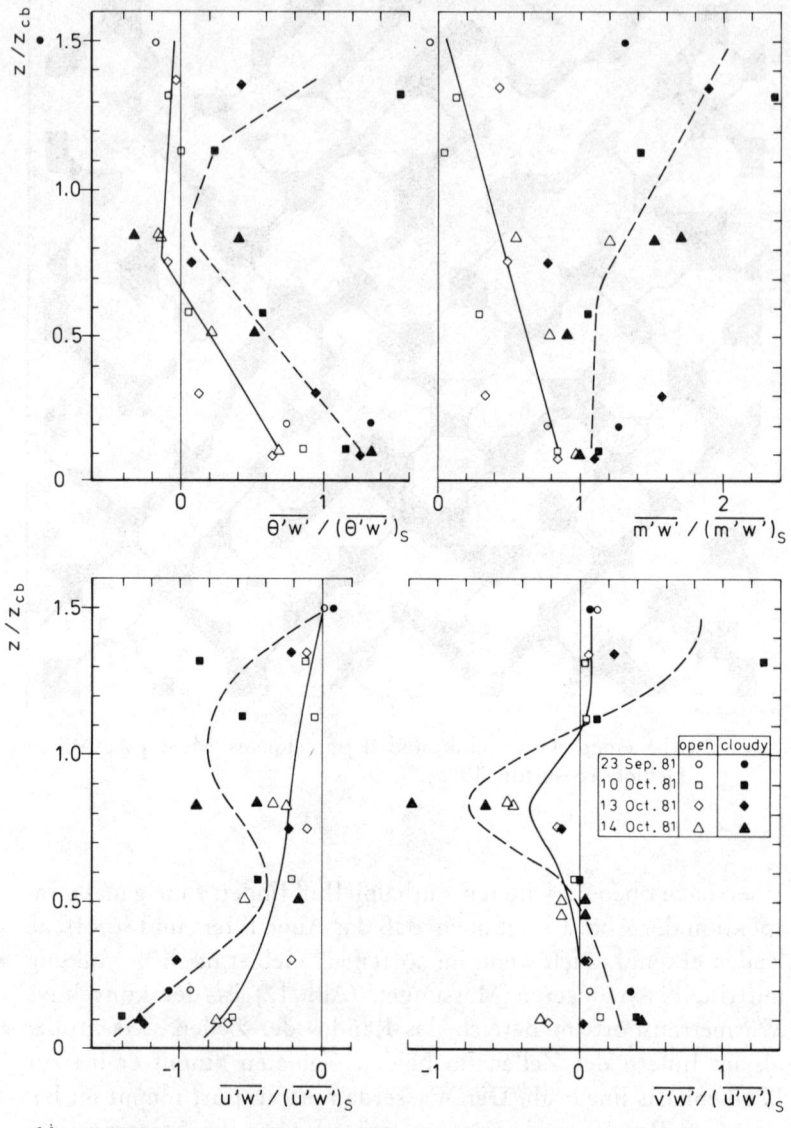

Abb. 13: Transport von Impuls, Temperatur und Wasserdampfkonzentration in der Berandung und im Innern offener Zellen (Brümmer et al., 1986).

Modellierung der offenen Zellen

Man kann versuchen, für offene Zellen ein Modell zu entwerfen, das mit den sogenannten primitiven Gleichungen auskommt, in denen an Stelle der vollständigen dritten Bewegungsgleichung die statische Grundgleichung verwendet wird. Dieses vereinfacht die Berechnungen wesentlich, so daß es möglich ist, auch die Bilanzgleichung für das Wasser mitzuführen und damit Konvektion und Niederschlagsbildung zu berechnen. Dies muß allerdings stark vereinfacht erfolgen: die Wassertropfen sind etwa 10 µm groß und ihre Bildung kann nicht in einem Modell, das Phänomene von etwa 50 km horizontaler Ausdehnung beschreiben soll, explizit behandelt werden.

Die Versuche mit dem Modell zeigen (Beniston, 1984), daß ohne Kondensation keine zellenähnliche Struktur ausgebildet wird, daß mit Kondensation aber Strukturen auftreten, die eine gewisse Ähnlichkeit mit den Beobachtungen zeigen. Die Abb. 13 zeigt ein Ergebnis des Gittermodells mit Gitterpunktabständen von 5 km. Das Modell, bei dem die Lufttemperatur in 10 m Höhe 5° geringer ist als die Wasseroberflächentemperatur ist, startet mit einer zufälligen Temperaturstörung der Wasseroberfläche von 0.1°, die nur für den ersten Zeitschritt (10 sec) aufrecht erhalten wird. Das Modell entwickelt nach kurzer Zeit Wolken, die nach etwa 10 Stunden zu der in Abb. 6 gezeigten Struktur bewölkter und wolkenfreier Gitterpunkte ausbilden. Treten an zwei benachbarten Gitterpunkten Wolken auf, so sind diese in der Abbildung durch einen Strich verbunden, treten an vier benachbarten, ein quadratisches Feld einschließenden Gitterpunkten Wolken auf, ist dieses Gebiet schwarz ausgefüllt. Die schwarz ausgefüllten Flächen in der Abbildung bedeuten jedoch nicht, daß diese Flächen vollständig mit Wolken bedeckt sind, denn über den Grad der Bedeckung liefert das Modell keine Aussagen. Die vom Modell gelieferte vertikale Erstreckung der Bewölkung stimmt mit den gemessenen sehr gut überein. Dieses Ergebnis konnte mit einem „trockenen" Modell – ohne Kondensation – nicht erhalten werden; offene Zellen bildeten sich dann nicht.

Das Phänomen der offenen Zellen bedarf aber noch weiterer intensiver Untersuchungen.

Literaturverzeichnis

Beniston, M. (1984): Sensitivity of open cellular convection to horizontal grid interval in a mesoscale numerical model (unveröffentlichtes Manuskript).

Beniston, M. (1985): Organization of convection in a numericalmodel as a funtion of initial and lower boundary conditions. Contributions to Atmospheric Physics, 58, S. 31–51.

Brown, R. (1980): Longitudinal instabilities and secondary flows in the planetary boundary layer: Reviews of geophysics and space physics, Vol. 18, S. 683–697.

Brümmer, B. und Schlünzen, H. (1982): Cloud streets during KonTur. Hamburger Geophysikalische Einzelschriften, Reihe A, Heft 57, S. 63–77.

Brümmer, B. (1985): Structures, dynamics and energetics of boundary layer rolls from KonTur aircraft. Contributions to Atmospheric Physics, 58, S. 237–254.

Brümmer, B., Fischer, T. und Zank, S. (1986): Aircraft observations of open cellular convection. Zur Veröffentlichung angenommen in Contributions to Atmospheric Physics.

Chlond, A. (1985): A study of role vortices in the atmospheric boundary layer. Contributions to Atmospheric Physics, 58, S. 17–30.

Hasse, L. (1984): Cumuluskonvektion und Konvektionsrollen. Promet 84, S. 38–41.

Hinzpeter, H. (1985): KonTur Results. Contributions to Atmospheric Physics, 58, S. 1–3.

Hoeber, H. (1982): KonTur, Convection and turbulence experiment. Field phase report. Hamburger Geophysikalische Einzelschriften, Reihe B, Heft 1.

Krishnamurti, R. (1970):On the transition to turbulence convection. Journal of Fluid Mechanics, 41, S. 1373–1383.

Küttner, J. (1971): Cloud bands in the earth's atmosphere: Observations and theory. Tellus, 23, S. 404–425.

Veröffentlichungen der Joachim Jungius-Gesellschaft

Nr. 18   Hermann Samuel Reimarus · Ein „bekannter Unbekannter" der Aufklärung in Hamburg
Vorträge, gehalten auf der Tagung der Joachim Jungius-Gesellschaft der Wissenschaften, Hamburg, am 12. und 13. Oktober 1972, 164 S., 1973.

Nr. 19   B. L. van der Waerden · Hamiltons Entdeckung der Quaternionen, 14 S., 1973.

Nr. 20   Grenzen der Menschheit
Vorträge, gehalten auf der Tagung der Joachim Jungius-Gesellschaft der Wissenschaften, Hamburg, am 2. und 3. Oktober 1973, 156 S., 1974.

Nr. 21   D. H. Green · Der Weg zum Abenteuer im höfischen Roman des deutschen Mittelalters 21 S., 1974.

Nr. 22   Gerold Ungeheuer · Öffentliche Kommunikation und privater Konsens, 19 S., 1974.

Nr. 23   Hermann Lübbe · Cassirer und die Mythen des 20. Jahrhunderts
Festvortrag anläßlich der Tagung „Symbolische Formen", gehalten am 20. Okt. 1974 in Hamburg, 13 S., 1975.

Nr. 24   Siegfried J. Schmidt · Zum Dogma der prinzipiellen Differenz zwischen Natur- und Geisteswissenschaft, 22 S., 1975.

Nr. 25   Conditio humana
Vorträge und Materialien zur Biologie des Menschen, 110 S., 1976.

Nr. 26   Der Grenzbereich zwischen Leben und Tod
Vorträge, gehalten auf der Tagung der Joachim Jungius-Gesellschaft der Wissenschaften, Hamburg, am 9. und 10. Oktober 1975, 177 S., 1976.

Nr. 27   Eric Weil · Wert und Würde der erzählenden Geschichtsschreibung, 14 S., 1976.

Nr. 28   Hans-Georg Gadamer · Rhetorik und Hermeneutik, 19 S., 1976.

Nr. 29   Joachimi Jungii Logicae Hamburgensis Additamenta
Cum annotationibus edidit Wilhelm Risse, 397 S., 1977.
Übersicht: A. Schriften von Jungius, B. Schriften von Jungius-Schülern, C. Streitschriften mit Johannes Scharfius, D. Leibniz über Jungius.

Nr. 30   Joseph Peter Stern · Über Literatur und Ideologie, 19 S., 1977.

Nr. 31   Andreas Holschneider · Was bedeutet uns Franz Liszt?, 18 S., 1977.

Nr. 32   Der Übergang zur Neuzeit und die Wirkung von Traditionen
Vorträge, gehalten auf der Tagung der Joachim Jungius-Gesellschaft der Wissenschaften, Hamburg, am 13. und 14. Oktober 1977, 168 S., 1978.

Nr. 33   Wolf-Dieter Stempel · Gestalt, Ganzheit, Struktur
Aus Vor- und Frühgeschichte des Strukturalismus in Deutschland, 41 S., 1978.

Nr. 34   Die nichteheliche Lebensgemeinschaft
Vorträge, gehalten auf dem Symposion der Joachim Jungius-Gesellschaft der Wissenschaften, Hamburg, am 18. und 19. November 1977, hrsg. von Götz Landwehr, 163 S., 1978.

Nr. 35   Günther Patzig · Der Unterschied zwischen subjektiven und objektiven Interessen und seine Bedeutung für die Ethik, 25 S., 1978.

Nr. 36　**Disciplinae Novae · Zur Entstehung neuer Denk- und Arbeitsrichtungen in der Naturwissenschaft**
Festschrift zum 90. Geburtstag von Hans Schimank, hrsg. von Christoph J. Scriba, 148 S., 1979.

Nr. 37　**Hermann Samuel Reimarus · Handschriftenverzeichnis und Bibliographie**
Zusammengestellt und eingeleitet von Wilhelm Schmidt-Biggemann, 143 S., 1979.

Nr. 38　**Logik im Zeitalter der Aufklärung**
Studien zur „Vernunftlehre" von Hermann Samuel Reimarus, hrsg. von Wolfgang Walter und Ludwig Borinski, 96 S., 1980.

Nr. 39　**Michael Stolleis · Arcana imperii und Ratio status.** Bemerkungen zur politischen Theorie des frühen 17. Jahrhunderts, 34 S., 1980.

Nr. 40　**Helmut Thielicke · Vernunft und Existenz bei Lessing.** Das Unbedingte in der Geschichte, 46 S., 1980.

Nr. 41　**Stig Jørgensen · Ethik und Gerechtigkeit,** 47 S., 1980.

Nr. 42　**Ludwig Borinski · Die Anfänge des britischen Imperialismus,** 31 S., 1980.

Nr. 43　**Carl von Linné**
Vorträge über Zeitgeist, Werk und Wirkungsgeschichte, gehalten auf dem Linnaeus-Symposion der Joachim Jungius-Gesellschaft der Wissenschaften, Hamburg, am 21. und 22. Oktober 1978, 115 S., 1980.

Nr. 44　**Klimaänderungen, Mensch und Lebensraum**
Vorträge, gehalten auf der Tagung der Joachim Jungius-Gesellschaft der Wissenschaften, Hamburg, am 20. und 21. Oktober 1979, 218 S., 1980.

Nr. 45　**Joachim Jungius · Praelectiones Physicae**
Historisch-kritische Edition, hrsg. von Christoph Meinel, 311 S., 1982.

Nr. 46　**Hermann Samuel Reimarus · Allgemeine Betrachtungen über die Triebe der Thiere, hauptsächlich über ihre Kunst-Triebe,** mit einem Geleitwort von Ernst Mayr und einem einleitenden Essay des Herausgebers unter Mitwirkung von Stefan Lorenz und Winfried Schröder, hrsg. von Jürgen v. Kempski, 2 Bände, 476 u. 418 S., 1982.

Nr. 47　**Hermann Samuel Reimarus · Vindicatio dictorum Veteris Testamenti in Novo allegatorum 1731**
Text der Pars I und Conspectus der Pars II, hrsg. und eingeleitet und mit Anmerkungen versehen von Peter Stemmer, 236 S., 1983.

Nr. 48　**Peter Stemmer · Weissagung und Kritik**
Eine Studie zur Hermeneutik bei Hermann Samuel Reimarus, 184 S., 1983.

Nr. 49　**Dietrich Gerhardt · Die sogenannten russischen Hörner**
Musik zwischen Kunst und Knute, 41 S., 1983.

Nr. 50　**Biologie von Sozialstrukturen bei Tier und Mensch**
Vorträge, gehalten auf der Tagung der Joachim Jungius-Gesellschaft der Wissenschaften, Hamburg, am 14. und 15. November 1981, 112 S., 1983.

Nr. 51　**Die deutsche Sprache der Gegenwart**
Vorträge, gehalten auf der Tagung der Joachim Jungius-Gesellschaft der Wissenschaften, Hamburg, am 4. und 5. November 1983, 109 S., 1984.

Nr. 52　**Christoph Meinel · In physicis futurum saeculum respicio**
Joachim Jungius und die Naturwissenschaftliche Revolution des 17. Jahrhunderts, 44 S., 1984.